W0387675

FRAG MICH WAS

Michael S. Buhl

Sonne, Mond und Sterne

Illustriert von Hans G. Schellenberger
Mit vielen lustigen Zeichnungen
von Angelika Stubner

Loewe

Der Umwelt zuliebe ist dieses Buch
auf chlorfrei gebleichtem Papier gedruckt.

ISBN 978-3-7855-4845-5
3. Aufl. 2008
© 1997, 2003 Loewe Verlag GmbH, Bindlach
Umschlagillustration: Johann Brandstetter
Illustrationen: Hans G. Schellenberger
Vignetten: Angelika Stubner
Printed in Italy (011)

www.loewe-verlag.de

Inhalt

Wie ist das Weltall entstanden?

Die Astronomen, so heißen die Wissenschaftler, die die Sterne beobachten, vermuten, dass es eine gewaltige Explosion, den sogenannten Urknall, gab. Diese Explosion geschah, so glaubt man, vor etwa 15 Milliarden Jahren, lange Zeit, bevor Menschen auf der Erde lebten.

Nach dem Urknall breiteten sich im Weltraum riesige Gaswolken aus. Viele dieser Wolken begannen sich zu drehen, wurden heiß und verdichteten sich zu leuchtenden Gasbällen. So entstanden die Sterne.

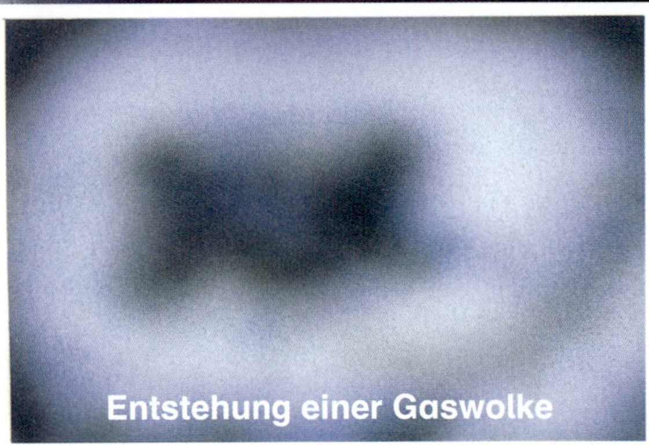

Entstehung einer Gaswolke

Verdichtung zu einem Gasball

Wenn der Brennstoff in einem Stern aufgebraucht ist, dann sinkt er urplötzlich in sich zusammen und verglüht in einer gewaltigen Explosion. Dieser Vorgang wird als Supernova bezeichnet. Es gibt aber auch Sterne, die auf andere Art sterben. Sie blähen sich zu einem riesigen roten Feuerball auf und fallen dann zusammen. Übrig bleibt dann ein sogenannter Weißer Zwerg, der viel kleiner ist als der ursprüngliche Stern und auch nicht mehr so hell leuchtet.

Stern | Supernova | Roter Riese | Weißer Zwerg

Eine hell leuchtende Supernova wird von einem Observatorium aus beobachtet.

Wo ist die Erde?

Wenn wir in einem Raumschiff durch das Weltall fliegen würden, dann könnte man die Sternenansammlung, in der die Erde zu Hause ist, so sehen, wie sie hier auf dem Bild dargestellt ist. Die Milchstraße ist eine Galaxis, so nennt man eine Ansammlung von Sternen.

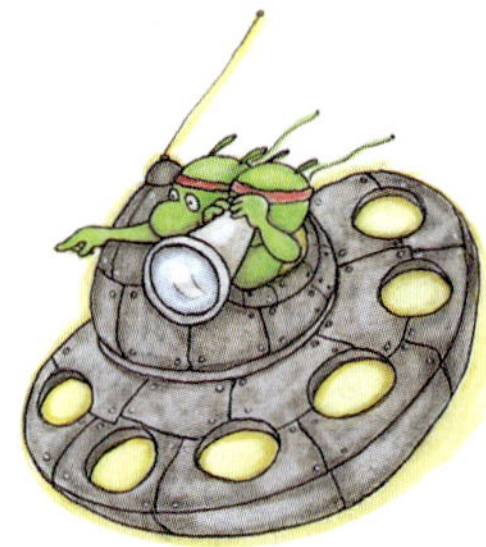

Jeder helle Punkt ist eine Sonne. Der kleine Kreis zeigt, wo unsere Sonne ist. Die Erde ist so winzig, dass man sie hier nicht sieht.

Eigentlich hat unsere Galaxis die Form einer Spirale, so wie auf diesem Bild. Aber weil die Erde sich in ihrem Innern befindet, sehen wir sie nur wie eine milchig weiße Bahn, die sich über den Himmel zieht. Die Griechen nannten sie deshalb „Milchstraße".

Der Pfeil zeigt, wo sich unser Sonnensystem befindet.

So würde sich die Milchstraße darstellen, wenn wir sie von der Seite sehen könnten.

Viele Sterne, die wir heute sehen, gibt es in Wirklichkeit nicht mehr. Sie sind schon vor langer Zeit explodiert und erloschen. Wir sehen nur noch ihr Licht. Und es gibt viele neue Sterne, die wir nicht sehen können, weil ihr Licht noch nicht die Erde erreicht hat. Denn selbst das schnelle Licht braucht mitunter Jahre, um die gigantischen Entfernungen im Weltraum zu überwinden.

Wie viele Sterne gibt es?

Die Sterne, die wir am Himmel sehen, sind nur ein winzig kleiner Teil der unzählig vielen Sterne im Weltall. Astronomen haben berechnet, dass allein die Milchstraße ungefähr 200 Milliarden Sterne hat. Aber es gibt im Weltall nicht nur die Milchstraße, sondern auch noch viele andere Galaxien.

Im Weltall hat man bisher mehr als 100 Milliarden Galaxien entdeckt.

Kometen bestehen aus Eis und Staub und sehen aus wie schmutzige Schneebälle. Allerdings sind sie viel größer. Einige von ihnen haben sogar einen Durchmesser von zehn Kilometern. Wenn sie sich der Sonne nähern, werden Gasteilchen von dem Kometen weggerissen. Sie bilden dann den Schweif des Kometen.

Meteore sind Gesteine unterschiedlicher Größe, die auf bestimmten Bahnen durch das Weltall fliegen. Wenn sich die Erde nun einer solchen Bahn nähert, fallen einige zu uns herunter. Diese abgestürzten Meteore nennen wir Meteoriten.

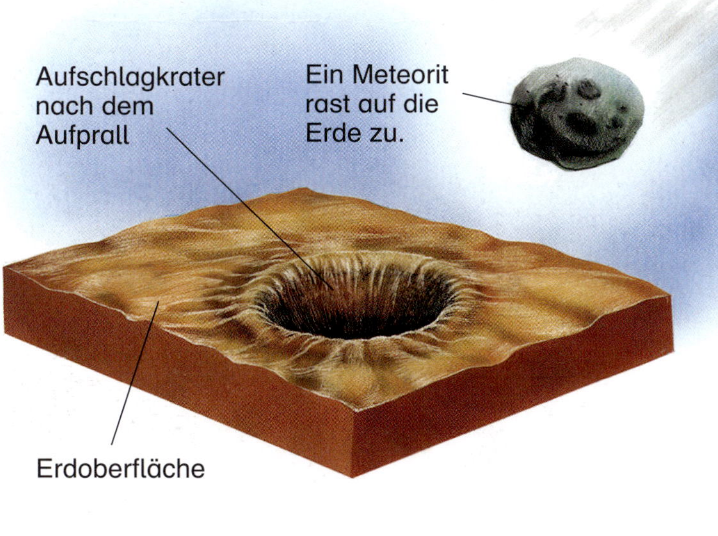

Was ist ein Sonnensystem?

Es gibt viele Sonnen. Wenn um eine dieser Sonnen andere Himmelskörper kreisen, bilden sie alle zusammen ein Sonnensystem. Ein Himmelskörper, der sich um eine Sonne bewegt, ist ein Planet. Himmelskörper, die um einen Planeten kreisen, nennt man Monde.

Auch die Erde ist ein Planet und gehört zu einem Sonnensystem und kreist, gemeinsam mit acht anderen Planeten, um unsere Sonne. Dabei saust sie mit einer Geschwindigkeit von 107 000 Kilometern in der Stunde, also hundertmal schneller als ein Passagierflugzeug, durch das Weltall. Wenn die Erde die Sonne einmal umlaufen hat, ist ein Jahr vergangen. Jeder Planet folgt seiner eigenen Bahn, die auch Umlaufbahn genannt wird. Auf dem Bild ist außerdem noch ein Ring mit vielen kleinen Punkten zu sehen; das ist der Asteroidengürtel, oft auch als Planetoidengürtel bezeichnet.

Mit bloßem Auge

Vier Planeten sind auch mit bloßem Auge gut zu erkennen: Die Venus ist der hellste unserer Planeten und strahlt in einem bläulichen Licht. Der Jupiter leuchtet in einem hellen gelben Licht. Der Mars schimmert rötlich und der Saturn blaugrau. Planeten geben selber kein Licht – das können nur Sonnen, also die Sterne. Wenn wir diese vier trotzdem sehen können, dann deshalb, weil sie von der Sonne beleuchtet werden und nicht zu weit entfernt sind.

Warum lieben alle die Sonne?

Ohne die Sonne wäre es für immer dunkel, und alles würde in eisiger Kälte erstarren. Die Erde wäre ein lebloser Planet. Der Sonne verdanken wir unser Leben. Das haben wohl auch die Menschen in früheren Jahrhunderten geahnt, denn sie verehrten die Sonne als göttliches Wesen. Heute wissen wir: Die Sonne ist ein Stern – aber für uns ein ganz besonderer, einer, der uns Licht und Wärme schenkt.

Sonnenflecken sind gewaltige Gaswirbel, die eine niedrigere Temperatur als die Sonnenoberfläche besitzen und deshalb schwarz erscheinen.

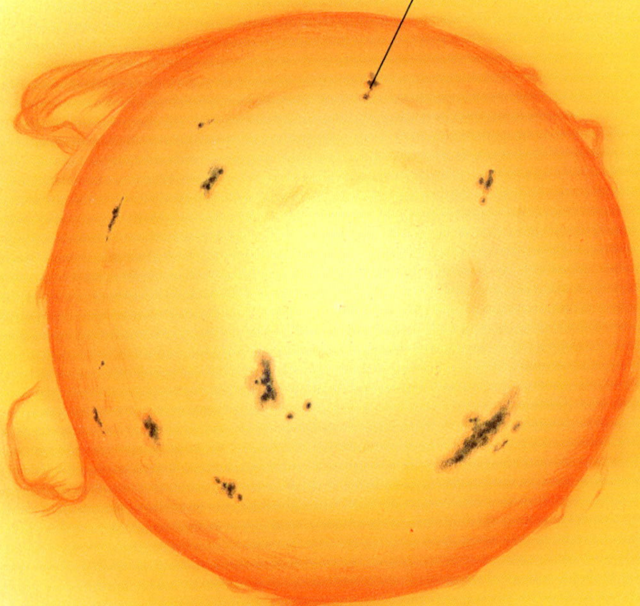

Die ausbrechenden leuchtenden Gase werden als Protuberanzen bezeichnet.

Amenophis IV. (Echnaton) erhob die Sonnenscheibe zum einzigen Gott.

Ausschnitt aus einem ägyptischen Kalksteinrelief, um 1370 v. Chr.

Unsere Sonne ist ein glühender Gasball. In ihrem Inneren ist sie viele Millionen Grad heiß. An ihrer Oberfläche jedoch sind es nur noch 5 900 Grad. Würde man ein Stück von der Sonnenoberfläche – nur so groß wie ein Fußball – auf die Erde bringen, könnte sich ihm kein Mensch nähern, weil er sonst verbrennen würde.

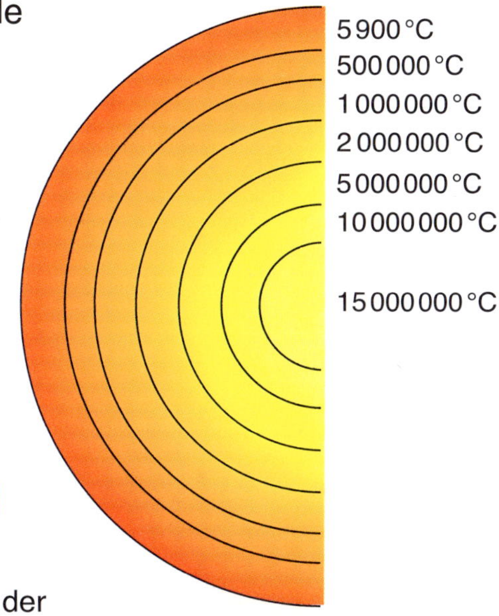

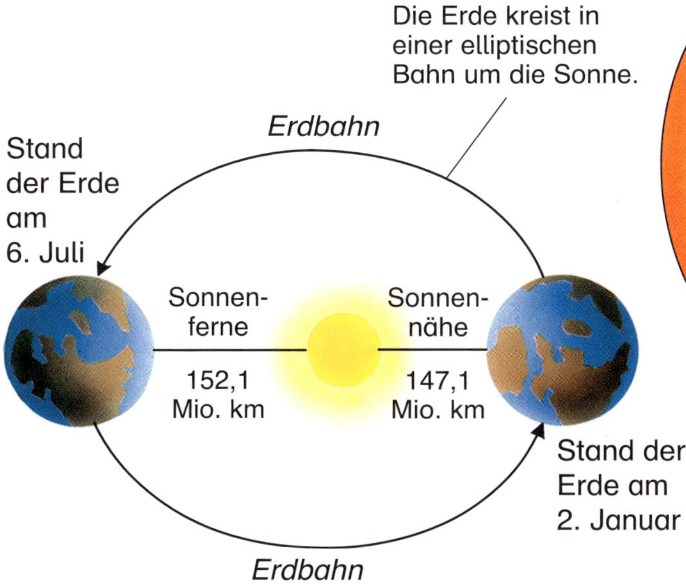

Von der Erde bis zur Sonne sind es 150 Millionen Kilometer oder acht Lichtminuten. Das bedeutet, die Lichtstrahlen, die von der Sonne kommen, brauchen acht Minuten, bis sie die Erde erreichen. Würde die Erde näher um die Sonne kreisen, müsste alles in der Sonnenhitze verdorren. Wäre sie weiter entfernt, würde bald die ganze Erde mit Eis bedeckt sein.

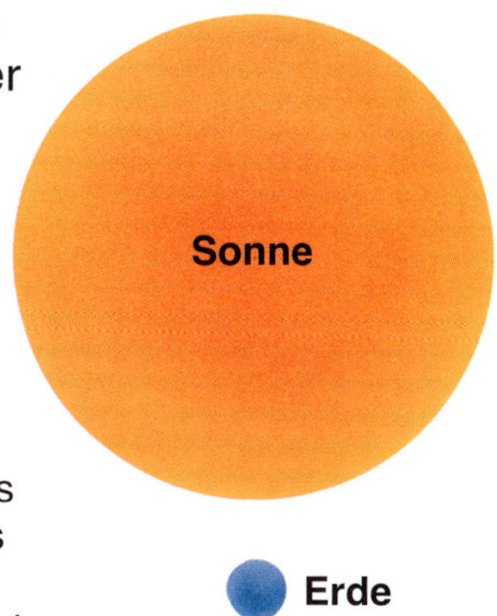

Die Sonne ist mehr als hundertmal größer als die Erde. Aber viele Sonnen im Weltall sind noch bedeutend größer.

Wie groß ist die Erde?

An ihrer dicksten Stelle hat die Erde einen Umfang von etwas mehr als 40 000 Kilometern. Mit einem Passagierflugzeug würde man knapp zwei Tage brauchen, um einmal rund um die Erde zu fliegen.

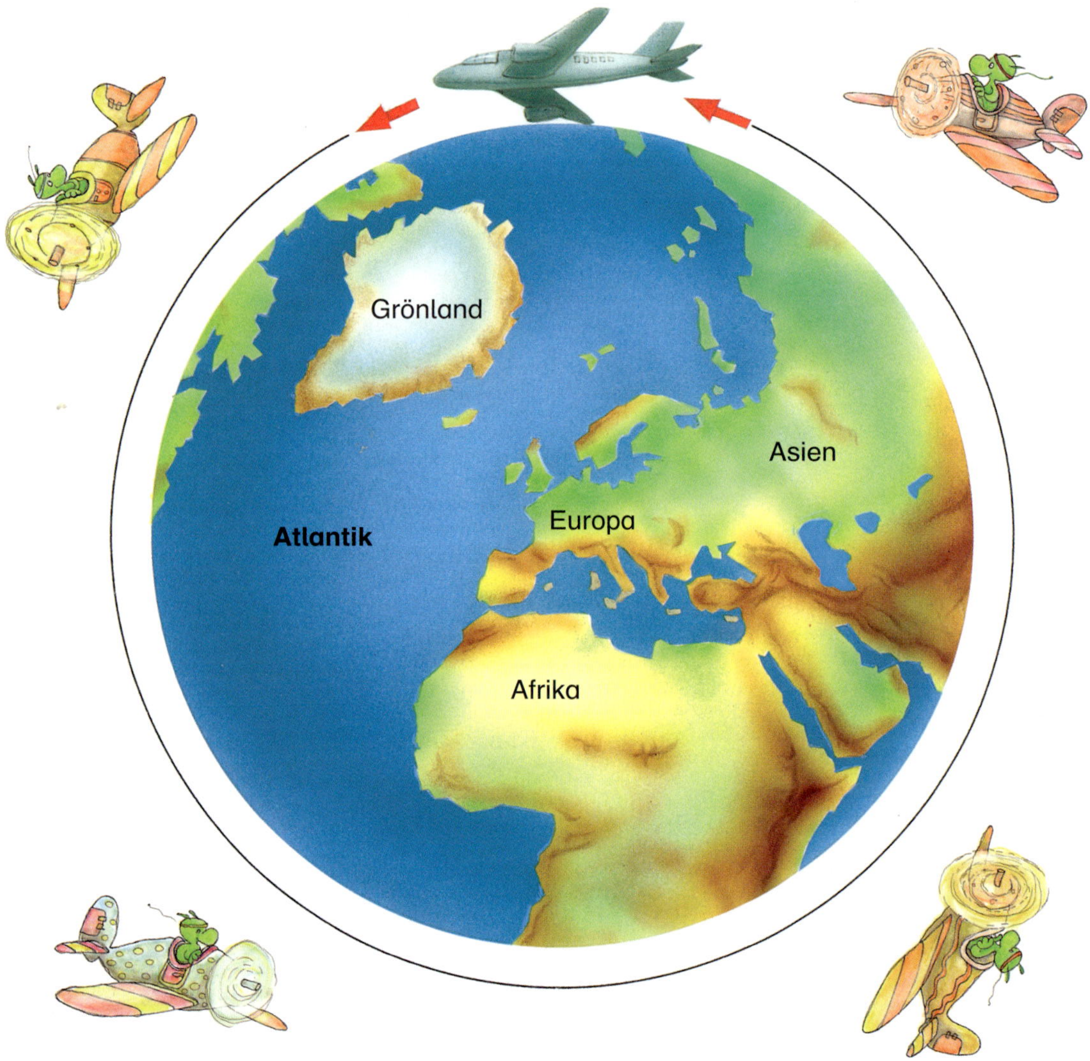

Jeder, der in die Luft springt, fällt auch wieder auf die Erde. Das bewirkt die Schwerkraft, auch Anziehungskraft genannt. Deshalb kann niemand von der Erde fallen. Übrigens, die Australier stehen auch nicht auf dem Kopf. Das sieht nur so aus. Im Weltraum gibt es kein Oben und Unten. Wenn man das Buch umdreht, sind auf einmal die Australier oben – und wir in Europa sind scheinbar unten und stehen auf dem Kopf.

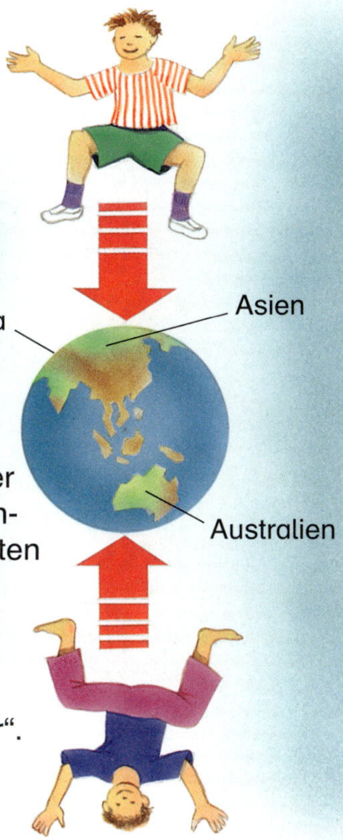

Die Bewohner von entgegengesetzten Orten der Erdkugel heißen Antipoden, das bedeutet „Gegenfüßler".

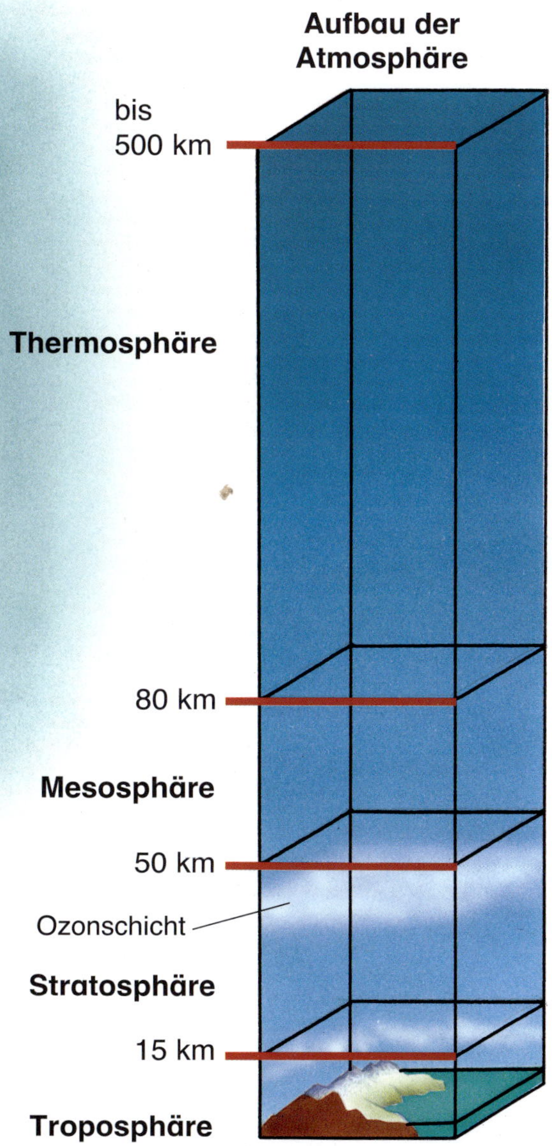

Die Atmosphäre besteht aus mehreren Luftschichten und umhüllt die Erde. Ohne Atmosphäre könnten wir nicht atmen und müssten sterben. In der Atmosphäre entstehen Wind, Wolken und Gewitter.

Warum gibt es Tag und Nacht?

Jeden Morgen geht im Osten die Sonne auf, und im Westen geht sie abends wieder unter. Die Sonne scheint sich um die Erde zu bewegen. Tatsächlich ist es umgekehrt. Die Erde dreht sich um die Sonne. Gleichzeitig dreht sich die Erde um sich selbst – und das ist der Grund, weshalb es Tag und Nacht gibt. Die kugelförmige Erde wird immer nur auf einer Hälfte von der Sonne beschienen. Auf dieser Hälfte ist dann Tag.

Auf der linken Seite ist Europa mit Deutschland zu sehen. Dort geht gerade die Sonne auf. Für die Menschen hier wird es Zeit aufzustehen. Im selben Moment bereiten sich die Bewohner des fernen Asiens, wo gerade die Sonne untergeht (auf der rechten Seite), auf das Abendessen vor.

Die Erde hat sich weitergedreht, und Deutschland steht der Sonne gegenüber: Bei uns ist es Mittag. Inzwischen liegt der amerikanische Kontinent (links) infolge der Erddrehung auf der Sonnenseite. Jetzt ist dort Morgen.

… und wieder hat sich die Erde ein Stück gedreht. In Deutschland geht jetzt die Sonne unter. Es wird Zeit zum Schlafengehen. Und während wir schlafen, dreht sich die Erde weiter und weiter durch die Nachtseite, bis wir wieder die Sonnenseite erreichen. Ein neuer Tag beginnt.

Warum haben wir Sommer und Winter?

Wie man auf der Abbildung der rechten Seite sehen kann, steht die Erde nicht ganz gerade zur Sonne, sondern ein wenig schräg. Wir leben auf der oberen (nördlichen) Hälfte der Erdkugel. Deshalb bekommen wir – während die Erde um die Sonne kreist – einmal mehr Sonnenlicht (dann ist Sommer) und dann wieder weniger (dann ist Winter). Dazwischen liegen Herbst und Frühling. So entstehen die Jahreszeiten.

Die Grenze zwischen der Nord- und Südhalbkugel nennen wir „Äquator“. Hier wird es nie kalt! Die Länder, die im Gebiet des Äquators liegen, heißen „Tropen“. Weil diese tropischen Länder sich in der Mitte zwischen Nord und Süd befinden, bekommen sie immer gleichmäßig Sonnenwärme. Jahreszeiten wie bei uns gibt es dort nicht.

1. Die obere (nördliche) Hälfte der Erdkugel ist von der Sonne ein wenig abgewandt. Hier treffen weniger Sonnenstrahlen auf die Erde, und dann ist es nicht so warm: Es ist Winter. Auf der unteren (südlichen) Erdhalbkugel ist es genau umgekehrt. Dort kommen mehr Sonnenstrahlen an, und das bedeutet: Es ist Sommer.

2. Der Frühling ist da. Wir bekommen jetzt mehr Sonnenlicht, und es wird wärmer. Auf der Südhalbkugel ist nun Herbst, und es wird immer kälter.

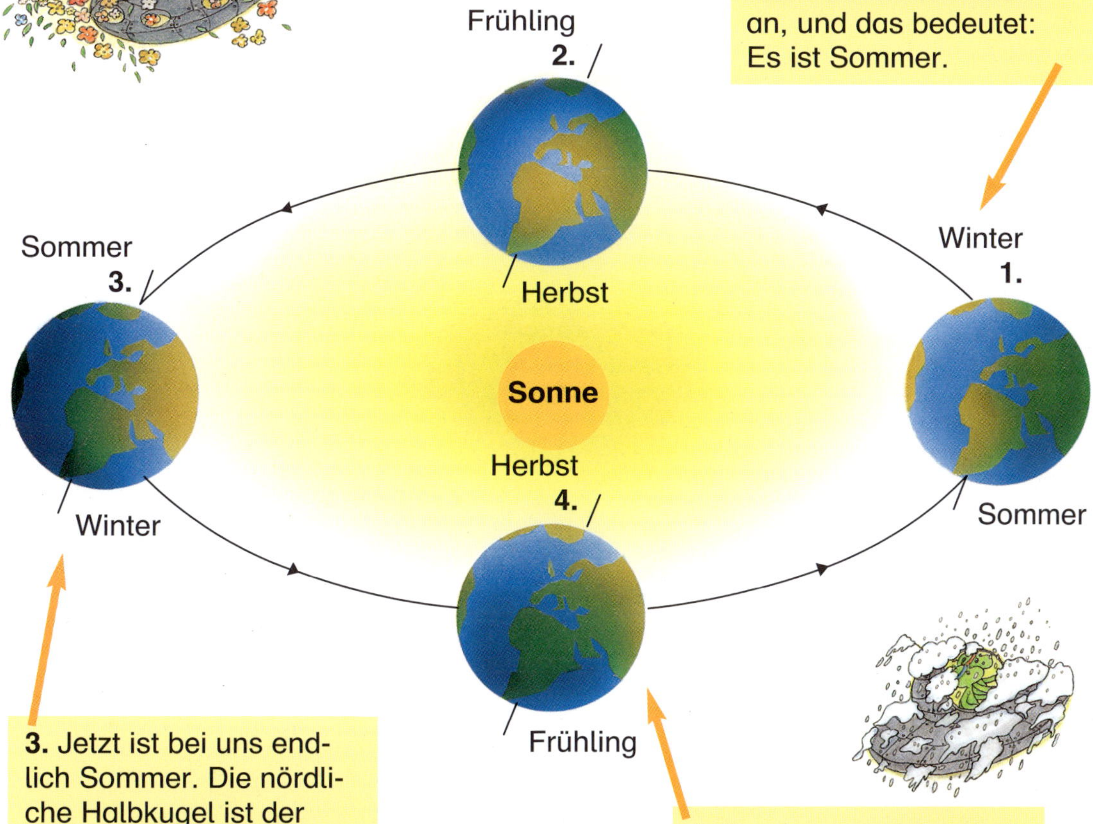

3. Jetzt ist bei uns endlich Sommer. Die nördliche Halbkugel ist der Sonne zugewandt. Es ist warm, manchmal sogar heiß, und die Tage sind lang. Dafür müssen nun die Menschen auf der Südhalbkugel frieren, denn dort ist jetzt Winter.

4. Der Sommer ist vorbei. Der Herbst ist da. Wir bekommen nun wieder weniger Sonnenstrahlung, und es wird kälter.

Wer ist der Mann im Mond?

Mit ein bisschen Fantasie sieht man im Mond einen gebeugten Mann, der ein Bündel auf dem Rücken trägt. Dieses Bild entsteht durch die dunklen Flecken auf der Mondoberfläche. Bei diesen Flecken handelt es sich in Wirklichkeit um Krater und Täler, die von der Erde aus gesehen dunkel erscheinen. Früher glaubte man, dass diese Flecken Seen und Meere sind. Deshalb nannte man sie auch Mare – das ist lateinisch und heißt: Meer.

Am Tag wird es auf dem Mond kochend heiß (130 Grad), dafür sind die Nächte eisig kalt (minus 150 Grad).

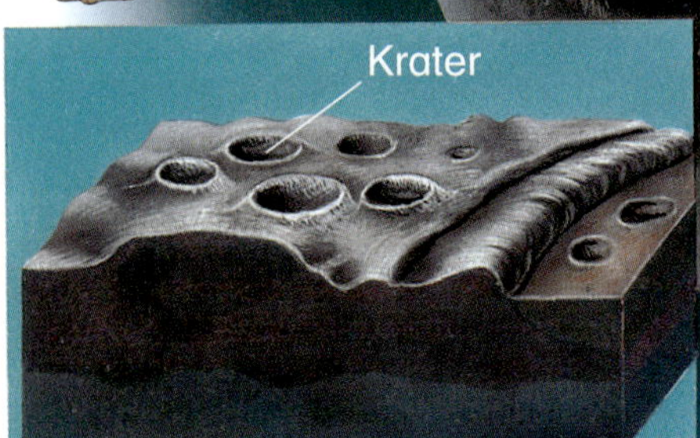

Ausschnitt aus der Mondkruste

Der Mond hat keine Atmosphäre, also auch keine Luft zum Atmen. Außerdem gibt es keinen Tropfen Wasser. Deshalb kann auf dem Mond nichts wachsen.

Der Mond hat einen Durchmesser von 3478 Kilometern und ist somit viel kleiner als die Erde. Aus diesem Grund ist auch seine Schwerkraft wesentlich geringer. Das bedeutet: Wir können auf dem Mond sechsmal höher springen als auf der Erde.

Die Astronauten erkunden die Umgebung des Landeplatzes.

Am 20. Juli 1969 landete eine amerikanische Mondfähre auf dem Mond. Der Astronaut Neil Armstrong stieg als Erster aus und war damit der erste Mensch, der den Mond betreten hat.

Von der Erde bis zum Mond sind es etwa 384000 Kilometer. Wollte man diese Strecke auf der Erde zurücklegen, müsste man zehnmal um die Erde fliegen.

Die Mondbahn ist kein genauer Kreis. In Erdnähe erscheint der Mond größer als in Erdferne.

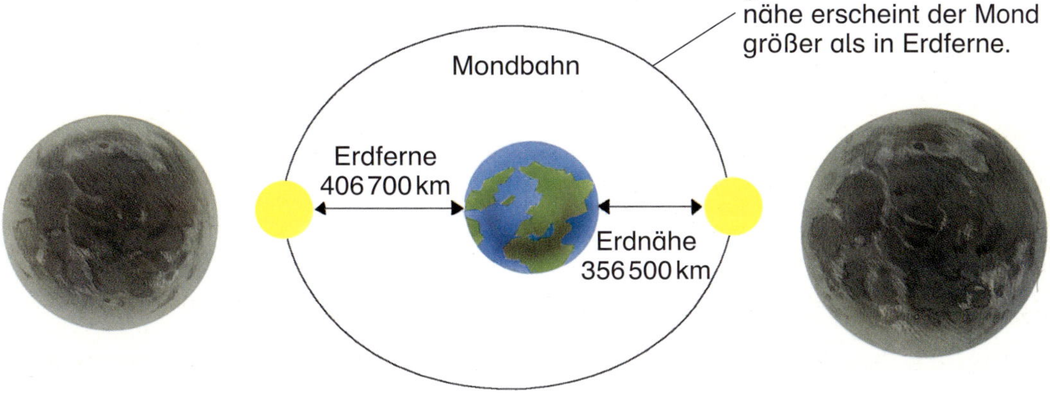

Warum nimmt der Mond zu und ab?

Natürlich wird der Mond nicht wirklich kleiner oder größer. Dieser Eindruck entsteht, weil der Mond um die Erde kreist. Je nachdem, wie er zur Sonne steht, werden dabei kleinere oder größere Teile der Mondoberfläche von der Sonne beschienen. So kommt es, dass wir den Mond mal als Sichel sehen, dann als Halb- oder Vollmond. Oder gar nicht – obwohl er am Himmel steht.

Der Mond steht zwischen Sonne und Erde. Die Sonne beleuchtet die Rückseite des Mondes. Die Vorderseite ist dunkel. Deshalb können wir sie nicht sehen. In einer solchen Nacht haben wir Neumond.

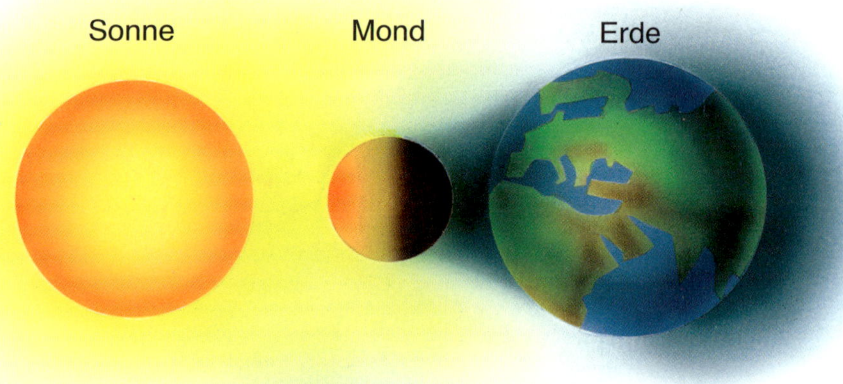

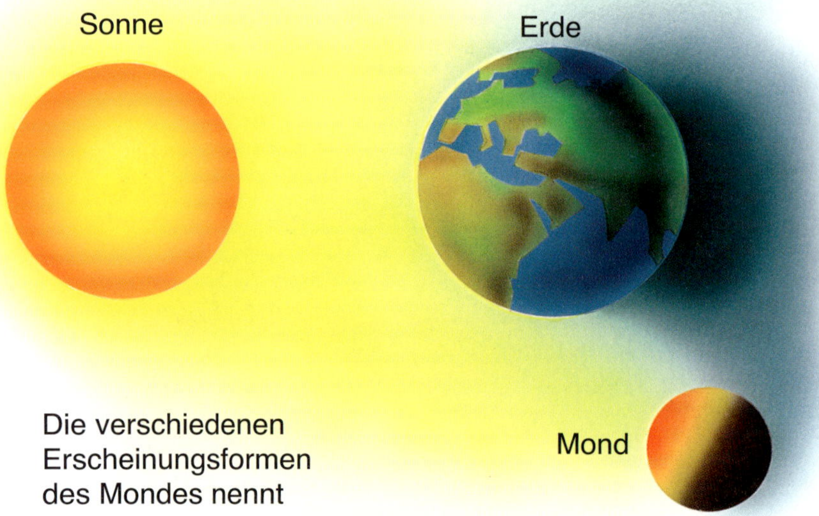

Der Mond wird von der Sonne voll beleuchtet. Von der Erde aus gesehen, stehen Sonne und Mond einander gegenüber: Es ist nun Vollmond. Wir sehen ihn als helle, runde Scheibe am Nachthimmel stehen.

Die verschiedenen Erscheinungsformen des Mondes nennt man Mondphasen.

Der Mond braucht etwas mehr als 27 Tage, um die Erde einmal zu umkreisen. Früher haben die Menschen das Jahr in „Monde“ eingeteilt. Ein Mondumlauf war ein „Monat“ – eine Bezeichnung, die aus dem Wort „Mond“ entstanden ist.

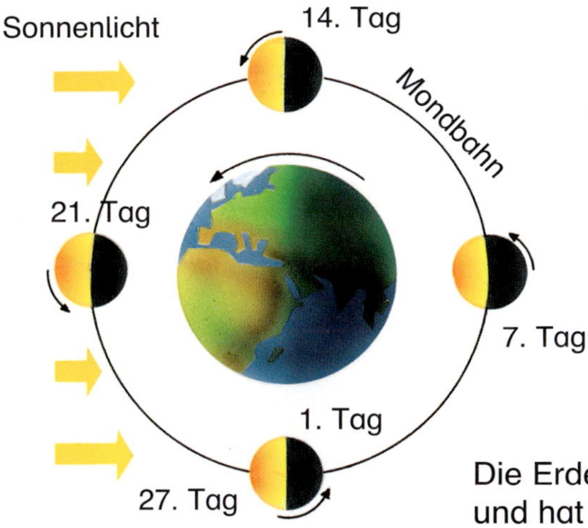

Die Anziehungskraft, mit der man ein Gewicht an einer Leine festhält, verhindert, dass die Fliehkraft es wegschleudert.

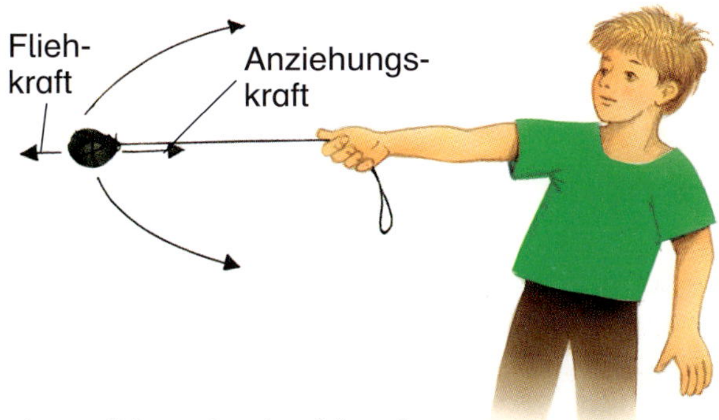

Die Erde ist größer als der Mond und hat darum auch eine größere Anziehungskraft. Diese Kraft hält den Mond fest und zwingt ihn, immer um die Erde zu kreisen.

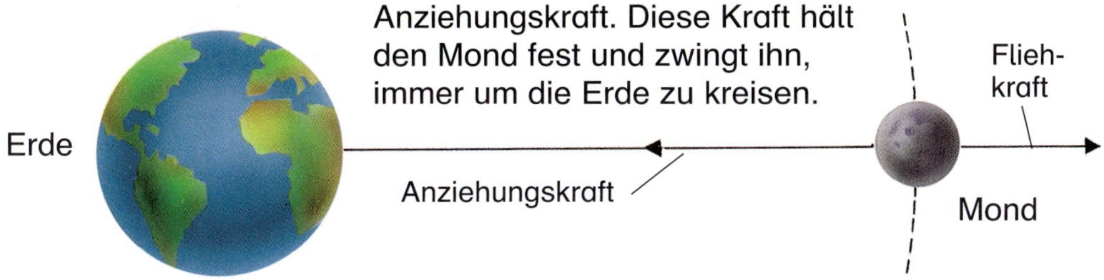

Auch der Mond dreht sich um sich selbst, sodass wir eigentlich alle Seiten zu sehen bekommen müssten. Aber weil er sich genauso schnell dreht wie die Erde, sehen wir immer nur eine Seite des Mondes.

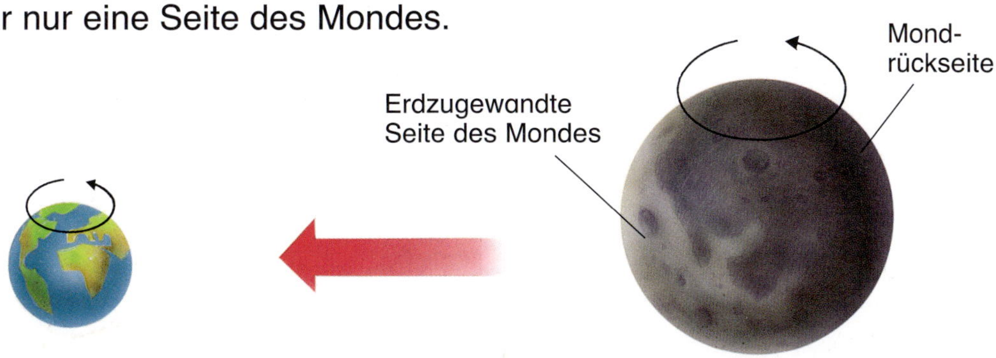

Was bewirkt der Mond auf der Erde?

Wenn der Mond sich genau zwischen Erde und Sonne schiebt, verdunkelt er die Sonne wie eine schwarze Scheibe. Und plötzlich wird es Nacht – am helllichten Tag. Die Sonnenfinsternis dauert drei oder vier Minuten. Dann wandert der Mond weiter, und die Sonne kommt wieder hervor.

Sonnenfinsternis

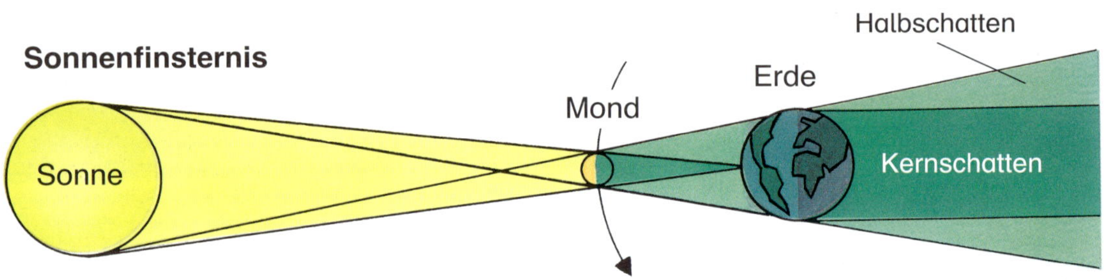

Mondfinsternis

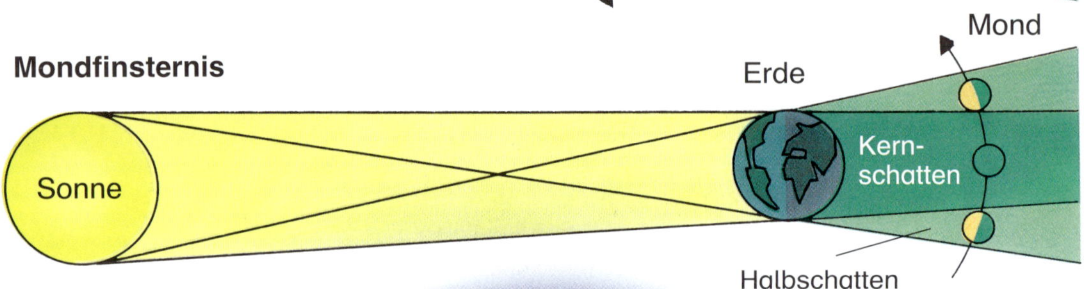

Bei einer Mondfinsternis steht die Erde genau zwischen Sonne und Mond. Der Schatten der Erde fällt auf den Mond und verdunkelt ihn.

Der Mond bleibt bei einer Mondfinsternis sichtbar, ist aber in kupferrotes Licht getaucht.

Bei Ebbe sinkt der Wasserspiegel des Meeres. Es sieht dann so aus, als ob sich das Wasser von der Küste zurückziehen würde. Bei Flut steigt der Wasserspiegel – und das Wasser kommt wieder. Ebbe und Flut wechseln sich etwa alle sechs Stunden ab. Dieses Fallen und Steigen des Wassers nennt man die „Gezeiten“.

Der Mond ist relativ klein und hat deshalb nur eine geringe Anziehungskraft. Diese reicht aber aus, um das Wasser der Meere ein wenig anzuziehen. So entsteht der sogenannte Flutberg. Er ist nur etwa 70 Zentimeter hoch, aber er bewirkt, dass sich der Wasserspiegel des Meeres hebt. Da sich die Erde dreht, verschiebt sich auch der Flutberg. Das bedeutet: Wenn der Flutberg sich auf uns zubewegt, kommt die Flut. Bewegt sich der Flutberg wieder von uns fort, dann ist Ebbe.

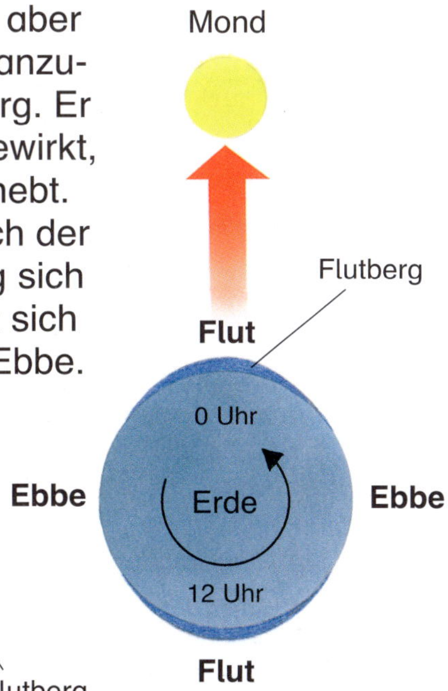

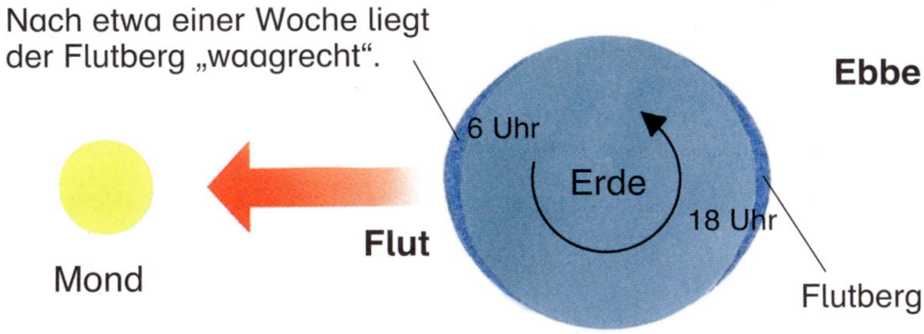

Wie sieht es auf den inneren Planeten aus?

Weil sich die Planeten Merkur, Venus und Mars – so wie die Erde auch – innerhalb des Asteroidengürtels befinden, nennt man sie die inneren Planeten. Die anderen fünf sind die äußeren Planeten. Und so sieht es auf den inneren Planeten aus:

Der Merkur ist der sonnennächste Planet.

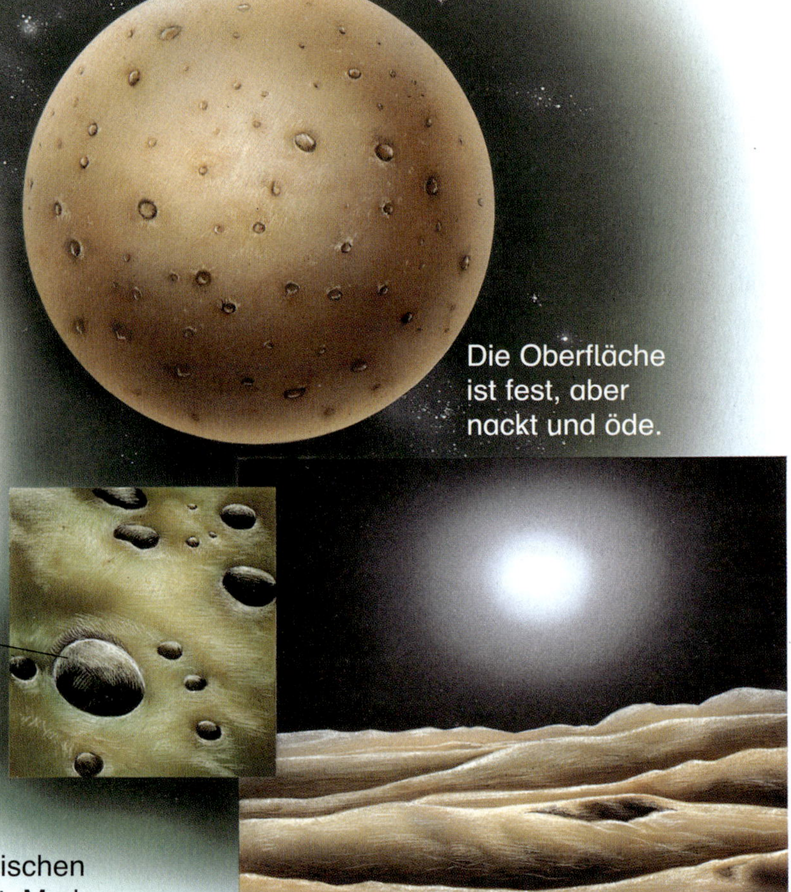

Merkur

Er ist nach dem römischen Gott Merkur benannt. Merkur ist der schnellste Planet in unserem Sonnensystem. Er braucht nur 88 Tage für seinen Lauf um die Sonne. Der ganze Planet ist, ähnlich wie der Mond, übersät von Kratern. Am Tag herrscht auf dem Merkur eine für Menschen unerträgliche Hitze, während es in der Nacht eisig kalt wird.

Venus

Der Planet ist fast so groß wie die Erde und von einer dicken Wolkenschicht umgeben. Man glaubte lange Zeit, dass Menschen dort leben könnten. Aber dann stellte man fest, dass es auf der Venus viele Vulkane gibt, die glühende Gesteinsmassen ausspucken, und dass es unter der Wolkendecke unerträglich heiß ist.

Die Raumsonde Magellan vermisst die Venusoberfläche.

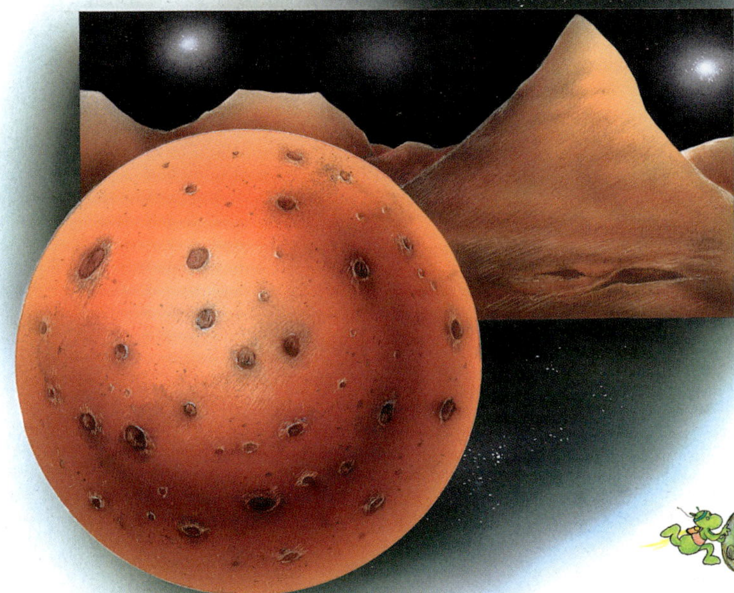

Der höchste Berg des Mars ist 27 000 Meter hoch.

Mars

Dieser Planet trägt den Namen des römischen Kriegsgottes, weil er so rot schimmert und somit an die Farbe des Bluts erinnert. Seine Oberfläche enthält viel Eisen, das im Laufe der Zeit verrostet ist – daher die rote Farbe! Der Mars ist zwar kleiner als die Erde, dafür hat er zwei Monde und den höchsten Berg im ganzen Sonnensystem. Auch auf diesem Planeten könnten Menschen nicht leben. Hier ist es viel zu heiß und in der Nacht viel zu kalt. Außerdem ist die Luft viel zu dünn zum Atmen.

Was sind die äußeren Planeten?

Die vier inneren Planeten (Merkur, Venus, Erde, Mars) haben wir bereits kennengelernt. Jetzt machen wir uns auf, die fünf äußeren Planeten (Jupiter, Saturn, Uranus, Neptun und Pluto) zu erforschen. Aber auf dem Weg dorthin müssen wir zunächst noch den Asteroidengürtel passieren.

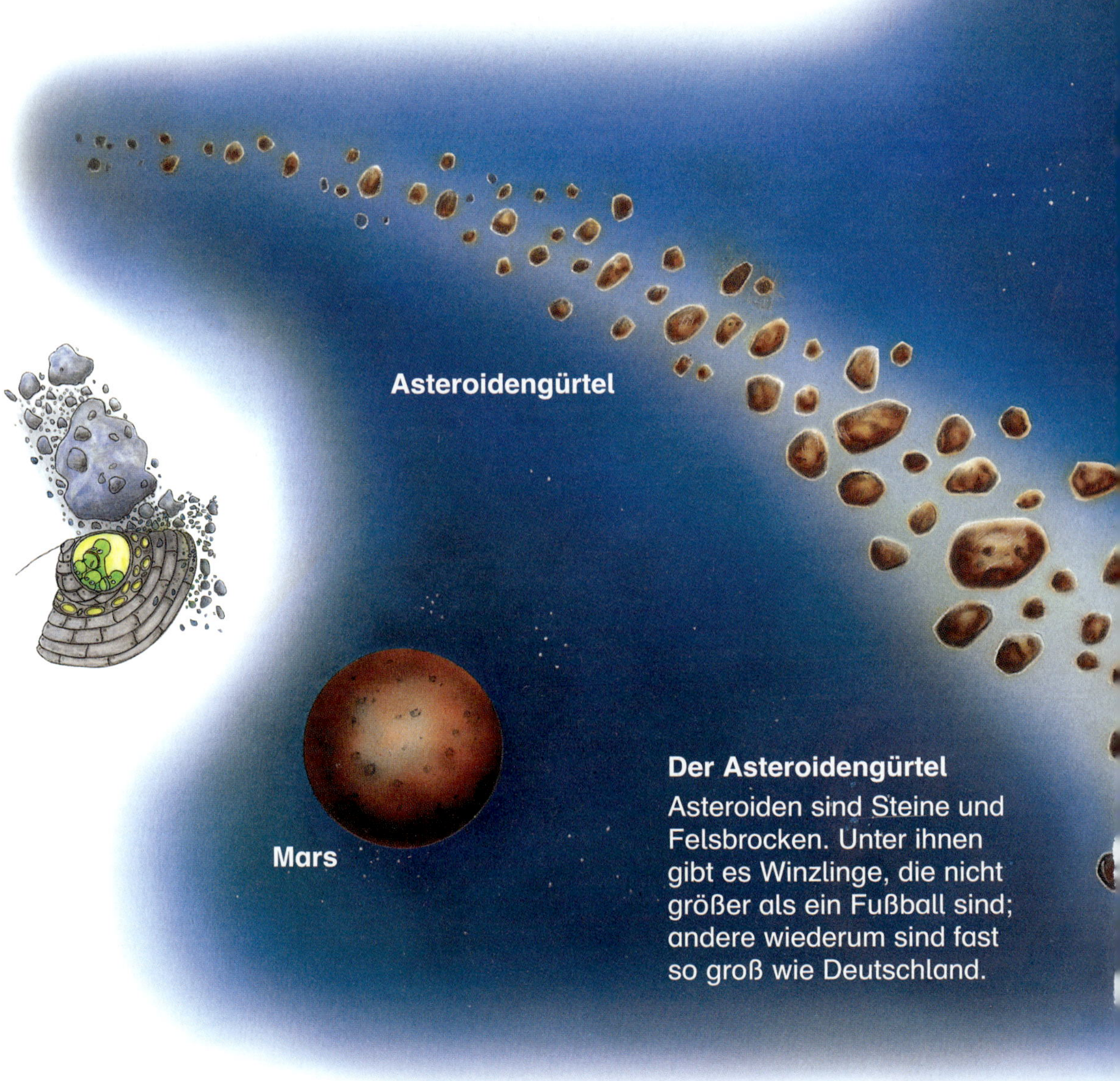

Der Asteroidengürtel
Asteroiden sind Steine und Felsbrocken. Unter ihnen gibt es Winzlinge, die nicht größer als ein Fußball sind; andere wiederum sind fast so groß wie Deutschland.

Die Oberfläche des Jupiter besteht aus Gasen, die zum Planetenkern hin flüssig werden.

Jupiter

Er ist der größte Planet in unserem Sonnensystem. Deshalb trägt er auch den Namen des mächtigsten römischen Gottes. Der Jupiter hat keine feste Oberfläche, er besteht hauptsächlich aus verschiedenen Gasen. 16 Monde umkreisen ihn.

Wie sieht es auf den äußeren Planeten aus?

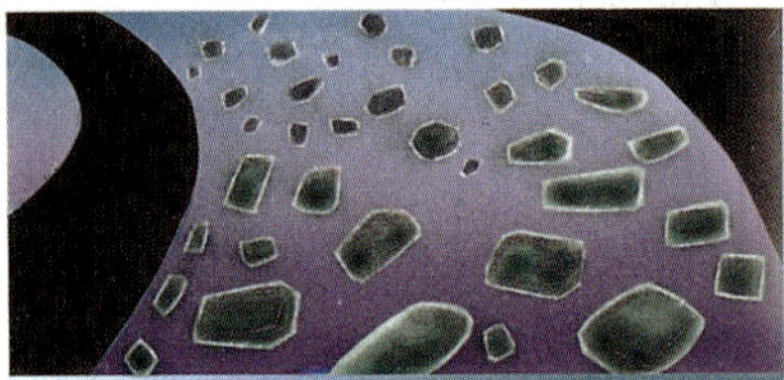

Ausschnitt aus den Saturnringen: Eis- und Gesteinsbrocken umkreisen den Saturn wie kleine Satelliten.

Saturn

Er ist der zweitgrößte Planet und ähnelt sehr dem Jupiter. Das Besondere an ihm sind die vielen Ringe, die ihn umgeben. Diese Ringe bestehen aus Eis- und Felsstücken, die häufig so groß wie ein Stück Würfelzucker sind, aber auch die Größe eines Hauses erreichen können. Kein Planet unseres Sonnensystems hat mehr Monde als der Saturn. Es sind bislang 28 entdeckt worden.

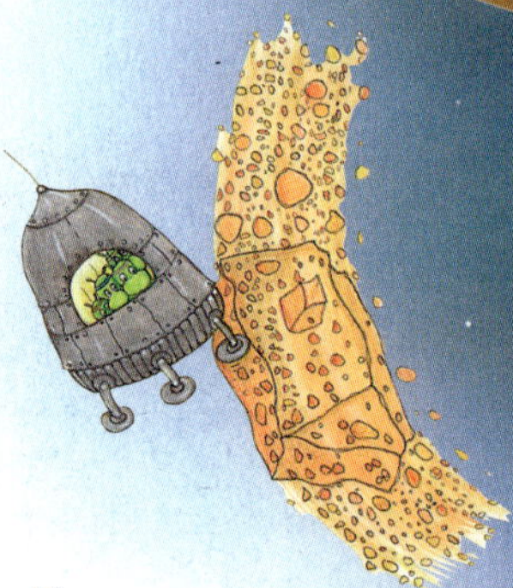

Uranus

Dieser Planet ist mit einer dicken Eisschicht bedeckt. Die weit entfernte Sonne spendet ihm kaum noch Wärme. 15 Monde begleiten den Planeten auf seiner Bahn durch das Weltall.

Pluto

Pluto war der römische Gott des Reichtums, aber auch der Totenwelt. Der Pluto ist am weitesten von der Sonne entfernt, sodass auf ihm extreme Kälte herrscht. Weil er sehr klein ist, bezeichnen Wissenschaftler ihn heute als Zwergplaneten. Pluto besitzt wie die Erde nur einen Mond. Hier ist die Grenze unseres Sonnensystems.

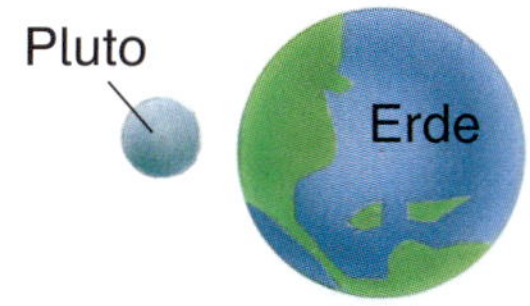

Pluto und Erde im Größenvergleich

Pluto ist mehr als 5,9 Milliarden Kilometer von der Sonne entfernt.

Neptun

Seinen Namen hat er vom römischen Gott des Meeres. Und tatsächlich schimmert der Planet Neptun in der Farbe des Wassers. Er ist fast genauso groß wie Uranus und ebenfalls mit einer dicken Eisschicht bedeckt. Acht Monde umkreisen diesen Planeten, auf dem immer irgendwo ein schwerer Wirbelsturm tobt.

Steht unser Schicksal in den Sternen?

Die Menschen früher schauten mit Ehrfurcht zum Sternenhimmel hinauf. Sie glaubten, dass dort oben die Götter wohnten und auf die Erde hinabblickten.

Wer in den Sternenhimmel hinaufschaut, sieht mit ein wenig Fantasie schon bald die erstaunlichsten Figuren und Bilder. Den Figuren, die die Menschen in den Sternen zu sehen glaubten, gaben sie die Namen von Göttern, Tieren und Helden – zum Beispiel: Herkules, Delfin oder Orion.

Wie die Sternbilder, so entstanden auch die zwölf Tierkreiszeichen. Sie heißen: Widder, Stier, Zwillinge, Krebs, Löwe, Jungfrau, Waage, Skorpion, Schütze, Steinbock, Wassermann und Fische.

Widder

Krebs

Was bedeutet Horoskop?

Das griechische Wort Horoskop heißt übersetzt: Stundenschauer. So nannte man früher in Ägypten den Priester, der im Auftrag des Königs die Sterne beobachtete. Der König wollte wissen, in welcher Stunde die Stellung der Sterne für seine Vorhaben günstig war. Heute versteht man unter „Horoskop" eine Vorhersage, die aus dem Lauf der Sterne errechnet wird. Jemanden, der ein solches Horoskop errechnet, nennt man Astrologe.

Wie stellte man sich früher die Erde vor?

Lange Zeit glaubten die Menschen, dass sich alles um die Erde dreht – Sonne, Planeten und Sterne. Es gab jedoch immer wieder Menschen, die sagten, es sei genau umgekehrt.

Die Erde als Scheibe: So stellten sich die Menschen die Erde vor. In der Mitte lag das Land, das von Wasser umgeben war. Die Menschen hatten Angst, weit aufs Meer hinauszufahren, denn sie glaubten, dass sie am Rand der Scheibe von der Erde fallen würden.

Aristarchos

Er war ein Philosoph und lebte vor etwa 2300 Jahren in Griechenland. Als einer der Ersten erkannte er, dass die Erde keine Scheibe ist, sondern eine Kugel. Und er behauptete ganz richtig: Nicht die Sonne dreht sich um die Erde, sondern die Erde dreht sich um die Sonne. Doch kaum jemand nahm ihn ernst. Und als er gestorben war, gerieten seine Gedanken schon bald in Vergessenheit.

Nikolaus Kopernikus

Vor etwa 500 Jahren erinnerte sich der deutsche Astronom Kopernikus an den Griechen Aristarchos. Er beobachtete die Sterne und stellte fest: Der Grieche hatte recht! Kopernikus schrieb darüber ein Buch, das er nach langem Zweifeln 1543 veröffentlichte.

Galileo Galilei

Ungefähr 40 Jahre nach dem Tod von Kopernikus griff der Italiener Galileo Galilei dessen Gedanken auf: Mit einem guten Fernrohr entdeckte er vier Monde Jupiters. Er konnte damit beweisen, dass – wie es Kopernikus geschrieben hatte – sich alles um die Sonne dreht! Als Galilei darüber ein Buch schrieb, wurde er angeklagt und musste seine Lehre widerrufen. Denn in der Bibel stand, dass sich die Sonne um die Erde dreht.

Isaac Newton

Ein Jahr nach Galileis Tod wurde in England Isaac Newton geboren. Er beobachtete, dass ein Stein, den man in die Luft wirft, wieder auf die Erde fällt, und machte hierfür die Anziehungskraft der Erde verantwortlich. Nun konnte er auch erklären, warum der Mond um die Erde kreist und nicht einfach ins Weltall fliegt: Die Erde hält ihn mit ihrer Anziehungskraft fest. Und weil die Sonne am größten ist und deswegen auch die größte Anziehungskraft hat, hält sie alle Planeten fest.

Wie weit können wir heute sehen?

Mit den heutigen Spezialfernrohren in einem Observatorium – so nennt man die Beobachtungsstation der Astronomen – beobachten und fotografieren die Astronomen Sterne und Galaxien, also Ansammlungen von Sternen, die Millionen Kilometer weit entfernt sind.

Beobachtungsstationen stehen oft auf hohen Bergen. Dort ist die Luft reiner, sodass man besser sehen kann. Die Fernrohre sind unter drehbaren Kuppeln untergebracht, die man öffnen kann.

Blick zur Großen Magellan'schen Wolke, 175 000 Lichtjahre von der Erde entfernt.

Satelliten werden mit einer Rakete in eine Umlaufbahn gebracht und kreisen dann ständig um die Erde. Die einen senden Fernsehprogramme und Telefongespräche rund um die Erde. Andere wiederum schicken Bilder von Wolken, Stürmen und Gewittern auf die Erde. Diese Bilder braucht man zum Beispiel für die Wettervorhersage.

Wenn in Zukunft Raumschiffe zu anderen Planeten fliegen, müssen sie große Entfernungen zurücklegen. Allein die Reise zu unserem nächsten Planeten, dem Mars, wird etwa ein Jahr dauern. Die Fähren könnten dann bei den Raumstationen Treibstoff tanken, Reparaturen durchführen und Lebensmittel aufnehmen.

Arbeitsplatz in einer Raumstation

Prüfe dein Wissen!

Zu den Bildern auf dieser Seite wird dir jeweils eine Frage gestellt. Wenn dir die Antwort nicht einfällt, dann suche im Buch einfach die abgebildete Illustration.

Wer erkannte zuerst, dass die Erde keine Scheibe ist?

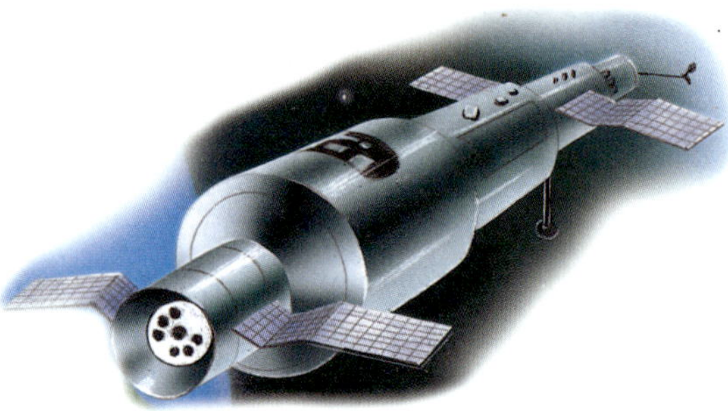

Was ist eine Raumstation?

Welcher Planet ist das?

Was sind Asteroiden?

Welches ist der größte Planet?

Woraus besteht ein Komet?

Wie heißt unsere Heimatgalaxis?

Welchen Umfang hat die Erde?

Wer war der erste Mensch auf dem Mond?

Was ist ein Observatorium?

Register

FRAG MICH WAS!

- Dinosaurier
- Fußball
- Pferde
- Indianer
- Piraten
- Vulkane
- Flugzeuge
- Polizei

Loewe